BEI GRIN MACHT SICH IHR WISSEN BEZAHLT

- Wir veröffentlichen Ihre Hausarbeit, Bachelor- und Masterarbeit

- Ihr eigenes eBook und Buch - weltweit in allen wichtigen Shops

- Verdienen Sie an jedem Verkauf

Jetzt bei www.GRIN.com hochladen und kostenlos publizieren

Diabetes Mellitus. Verbesserte Behandlungsmöglichkeiten durch gentechnische Verfahren

Noah Schulz

Bibliografische Information der Deutschen Nationalbibliothek:

Die Deutsche Nationalbibliothek verzeichnet diese Publikation in der Deutschen Nationalbibliografie; detaillierte bibliografische Daten sind im Internet über http://dnb.d-nb.de abrufbar.

ISBN: 9783668455054
Dieses Buch ist auch als E-Book erhältlich.

© GRIN Publishing GmbH
Nymphenburger Straße 86
80636 München

Alle Rechte vorbehalten

Druck und Bindung: Books on Demand GmbH, Norderstedt Germany
Gedruckt auf säurefreiem Papier aus verantwortungsvollen Quellen

Das vorliegende Werk wurde sorgfältig erarbeitet. Dennoch übernehmen Autoren und Verlag für die Richtigkeit von Angaben, Hinweisen, Links und Ratschlägen sowie eventuelle Druckfehler keine Haftung.

Das Buch bei GRIN: https://www.grin.com/document/366816

Diabetes mellitus:

Verbesserte Behandlungsmöglichkeiten durch gentechnische Verfahren

Von:

Noah Schulz

Stufe Q1

Beginn: 23.01.2017

Diabetes mellitus:

Verbesserte Behandlungsmöglichkeiten durch gentechnische Verfahren

I. Einleitung

Die Wissenschaft ist faszinierend. Der Fortschritt, der durch jene erreicht wird beeinflusst in einem stetig wachsenden Einfluss das Leben eines jeden Einzelnen. Besonders in der Medizin können aufgrund von Fortschritten in der Methoden- und Medikamentenforschung Krankheiten auf mehreren Wegen und mit einer größeren Effizienz behandelt; im besten Fall geheilt werden, sodass der Einfluss einer Krankheit auf das Leben eines jeden Patienten so niedrig gehalten wird und ein geregelter sowie unbeschwerter Tagesablauf ermöglicht werden kann. Auch an der Erkrankung „Diabetes mellitus" ist dieser Fortschritt nicht ohne positive Effekte vorbeigezogen, so wurden in den letzten Jahren die bekannten Therapiemaßnahmen optimiert und neue Therapiemaßnahmen, teilweise in Anspruchnahme von gentechnischen Verfahren entwickelt.

Die oben beschriebene Entwicklung ist jedoch auch dringend nötig, da die Erkrankung sich zu einer „Volkskrankheit" in Deutschland entwickelt hat. So erklärte der „Bundesverband der Niedergelassenen Diabetologen Nordrhein" im Jahr 2009:

„Mindestens sechs Millionen Deutsche sind derzeit erkrankt – Tendenz steigend" [1]
„Nahezu acht Prozent aller Erwachsenen in Deutschland leben mit Diabetes mellitus (…)" [2]

Es ist ein leichtes zu erkennen, dass die Brisanz dieser Krankheit auch heute nicht abgenommen hat. Gerade in einer Zeit, in der von jedem Menschen ein Höchstmaß an Leistung, Flexibilität und Motivation verlangt wird und ein stressiger Alltag in den meisten Fällen längst eine Tatsache darstellt mit der sich die meisten schon längst abgefunden haben, so bleiben doch oft wichtige Dinge auf der Strecke, die in den Augen der meisten eine eher untergeordnete Rolle spielen. So ist es im Falle der Diabetes oft eine fehlerhafte Ernährung, die am Anfang eines „Leidensweges" stehen, der beginnt, wenn die Diagnose von Diabetes keine Fiktion, sondern Tatsache ist.

Dennoch darf man nicht gleich alles verallgemeinern, denn eine spannende Tatsache ist die Vielfältigkeit dieser Krankheit; so gibt es folgende zwei Typen der Diabetes:
Diabetes mellitus Typ-I ist eine genetisch veranlagte Erkrankung, während der Diabetes mellitus Typ-II eine vor allem durch Bewegungsmangel und Fehlernährung ausgelöste Stoffwechselkrankheit ist, die in den Fällen, in denen es keine genetischen Risikofaktoren zu erkennen gibt, auch selbst verschuldet sein kann.

---

[1] Zitat: Owert, Regina: BdSN Presseinformation (09.09.2009)
  http://www.bdsn.de/fileadmin/user_upload/PDF_Presse/Hintergrund_Diabetes.pdf (19.03.17)
[2] Zitat: Owert, Regina: BdSN Presseinformation (09.09.2009)
  http://www.bdsn.de/fileadmin/user_upload/PDF_Presse/Hintergrund_Diabetes.pdf (19.03.17)

Auf die genaue Unterscheidung, sowie die Diagnose- und Therapiemöglichkeiten, speziell diejenigen, die der Fortschritt in der Gentechnik ermöglicht hat, beziehungsweise in Zukunft ermöglichen wird (da diese noch Bestandteile von Studien sind), werde ich im Laufe dieser Facharbeit genauer eingehen und so einen Überblick über die „Volkskrankheit" Diabetes mellitus verschaffen.

II. Was ist Diabetes?

2.1 Insulin – Funktion im Organismus

Insulin ist ein aus 51 Aminosäuren bestehendes Hormon, das im Pankreas (Bauchspeicheldrüse) in den ß-Zellen der sog. Langerhans'schen Inseln produziert wird. Es reguliert und fördert den Eintritt von Glukose in die Zellen sowie deren Einlagerung in Form von Glykogen, stimuliert die Glykogensynthese und hemmt den Abbau desselben. Es wird im Blut innerhalb weniger Minuten abgebaut; das ist sinnvoll, da Insulin ebenfalls ein Wachstumsfaktor ist. Da eine längere Wirkungszeit Risiken wie z. B. Gefäßwandverdickungen mit nachfolgender Entstehung einer Hypertonie (Bluthochdruck) zur Folge haben kann, ist es für die Therapie des Diabetes von Interesse, schnell ansprechendes Insulin mit möglichst geringer Verweildauer zu nutzen.[3]

2.2 Funktion von Glukose/Glykogen/Glukagon

Glukose

Die Glukose (Traubenzucker) gehört zur Gruppe der Kohlenhydrate und ist unser im Blut gemessener Blutzucker. Der Normwert der Glukose liegt bei 70-99 mg/dl; eine langfristige Überschreitung der Grenzen des Normwerts kann auf Diabetes hinweisen

Glykogen

Glykogen, auch bekannt als Leberstärke, ist ein Protein, dass aus Glukose Einheiten aufgebaut ist, um diese in Form des Glykogens speichern zu können. Gefunden wird Glykogen in Muskeln und in der Leber, da diese als Glykogenspeicher fungieren.

Glukagon

Glukagon ist ein Peptidhormon, das in den Beta ß-Zellen der Langerhans'schen Inseln produziert wird. Es fungiert als „Gegenspieler" des Insulins und sorgt bei einem Blutzuckerabfall für die Glykogenolyse, bei dieser Glykogen zu Glukose umgewandelt wird, sowie für die Glukoneogenese, bei der neue Glukose synthetisiert wird; gleichzeitig wird die Glykogensynthese, also die Umwandlung von Glukose in Glykogen, gehemmt.

---

[3] Vgl. Haak, Thomas: Diabetologie für die Praxis, Stuttgart, 2012, S.414f.

2.3 Unterscheidung von Typ-I und Typ-II-Diabetes

2.3.1 Ursachen des Typ-I-Diabetes

Die Hauptursache des Typ-I-Diabetes liegt in der Zerstörung der sogenannten Langerhans'schen Inseln der Pankreas (Bauchspeicheldrüse). Die Langerhans'schen Inseln bestehen aus α-Zellen, ß-Zellen, δ-Zellen, ε-Zellen sowie PP-Zellen, die jeweils verschiedene Aufgaben erfüllen. Ungefähr 75% der Inselzellen sind ß-Zellen; diese übernehmen einen Großteil der bei der Blutglukoseregulation anfallenden Prozesse. Dazu gehören die Insulinsynthese und die Insulinbereitstellung, Erfassung des Blutglukosewertes (Rezeptorfunktion) sowie die Ausschüttung von Insulin.

Der Grund der Zerstörung der Langerhans'schen Inseln ist eine sog. Autoimmunreaktion – das Immunsystem des Körpers reagiert fälschlicherweise auf die eigenen Zellen, in diesem Fall auf die Zellen der Langerhans'schen Inseln. Der Auslöser ist noch nicht endgültig bekannt; es gibt jedoch erste Erkenntnisse, dass eine genetische Veränderung des kurzen Armes des 6. Chromosoms, die sog. MHC (major histocompatibility complex) Region, zur Produktion von mutierten Eiweißen führt. Diese Eiweiße binden sich an die Zellen der Langerhans'schen Inseln; da sie jedoch aufgrund ihrer Mutation nicht als körpereigen identifiziert werden, werden sie vom Körper samt der mit ihnen verbundenen Zellen vernichtet.

Durch die kontinuierliche Zerstörung dieser Langerhans'schen Inseln bzw. deren ß-Zellen verliert der Pankreas mit der Zeit die Fähigkeit, Insulin zu produzieren. Aufgrund des dadurch entstehenden Insulinmangels ist der Körper nicht mehr in der Lage, Glukose in die Zellen zu transportieren und dort in Form von Glykogen zu speichern – der Blutglukosespiegel steigt, gleichzeitig verliert der Betroffene massiv an Gewicht. Schließlich kommt zu den im nächsten Kapitel beschriebenen Symptomen.[4]

2.3.2 Symptome des Typ-I-Diabetes[5]

Die Symptome des Typ-I-Diabetes lassen sich in früh erscheinende Symptome und in erst später auftretende Symptome einteilen:

Frühe Symptome:

- Polydipsie (krankhaft gesteigerter Durst)

- Polyurie (krankhaft erhöhte Harnausscheidung)

- Nykturie (erhöhter nächtlicher Harndrang)

- Gewichtsverlust

- Müdigkeit

---

[4] Vgl. Prof. Dr. Rosak, Christoph: Angewandte Diabetologie, Bremen, 2005, S. 25ff.
[5] Vgl. http://www.diabetes-ratgeber.net/Diabetes-Typ-1/Diabetes-mellitus-Typ-1-Symptome-11686_3.html (19.03.2017)

- Schlappheit

- Erbrechen

Neben den oben genannten Symptomen können auch seltenere Begleiterscheinungen wie Sehstörungen, Krämpfe, Kopfschmerzen und verschiede Infekte, sowie Pilzinfektionen auftreten.

Später auftretende Symptome:

Die späten Symptome des Typ-I-Diabetes variieren stark und hängen von der Abweichung des Blutglukosewertes vom Normalwert ab. Mögliche Symptome sind:

- Arteriosklerose (Verstopfung der Arterien), verbunden mit Hypertonie (Bluthochdruck) und einer Herzinsuffizienz, Schlaganfall oder peripherer arterieller Verschlußkrankheit

- Retinopathie (Erkrankung der Netzhaut)

- Nephropathie (Schädigung der Nieren)

- Neuropathie (Erkrankungen des Nervensystems), verbunden mit Ausfallsymptomen

- Durchblutungsstörungen, verbunden z. B. mit dem „diabetischen Fußsyndrom" bzw. „Diabetiker-Zeh"

2.3.3 Ursachen des Typ-II-Diabetes

Das Auftreten des Typ-II-Diabetes ist die Summe zweier Faktoren; Bewegungsmangel und Fehlernährung, woraus dann in den meisten Fällen ein Übergewicht resultiert. Diese Faktoren führen dazu, dass die Zellen ihre Sensibilität für Insulin verlieren; diese Desensibilisierung kann anfangs noch durch die Pankreas kompensiert werden, indem es zu einer Produktion größerer Mengen Insulin kommt. Nach einer nicht definierten Zeit (Jahre bis Jahrzehnte sind im Bereich des Möglichen) kann diese Produktion größerer Mengen von Insulin nicht mehr aufrechterhalten werden, sodass von nun an der Verlauf des Typ-II-Diabetes den gleichen Weg nimmt, wie der des Typ-I-Diabetes nimmt.

Jedoch entwickeln tatsächlich nur 30% der übergewichtigen Menschen einen Typ-II-Diabetes; bei den jeweiligen Betroffenen ist eine genetische Prädisposition zu erkennen, dass bedeutet, dass dieses aufgrund des Erbguts eine Veranlagung und somit eine höhere Wahrscheinlichkeit an Typ-II-Diabetes zu erkranken vorliegt.[6]

---

[6] Vgl. Prof. Dr. Rosak, Christoph: Angewandte Diabetologie, Bremen, 2005, S.30ff.

2.3.4 Symptome des Typ-II-Diabetes[7]

Auch die Symptome des Typ-II-Diabetes lassen sich in früh erkennbare und erst später auftretende Symptome unterscheiden. Da der Diabetes Typ-II schleichend beginnt und meist im Rahmen anderer Erkrankungen diagnostiziert wird.

Frühe Symptome:

- Polydipsie (krankhaft gesteigerter Durst)

- Polyurie (krankhaft erhöhte Harnausscheidung)

- Nykturie (erhöhter nächtlicher Harndrang)

Später auftretende Symptome:

- Müdigkeit
- Schlappheit
- Erbrechen

Weiterhin sind Folgeerkrankungen im Sinne von Infekten, sowie Pilzinfektionen im Bereich des Möglichen.

2.4 Weitere Diabetesformen

2.4.1 Gestationsdiabetes

Die Gestationsdiabetes ist eine besondere Diabetesform, da sie erstmalig während einer Schwangerschaft auftritt und während dieser erkannt wird. Zugrunde liegt hier eine Kohlenhydratstoffwechselstörung, derer Ursachen auf der einen Seite an verschiedensten, nicht näher definierten Schwangerschaftshormonen, auf der anderen Seite an einer während einer Schwangerschaft häufig nicht optimalen Ernährung liegen. Durch diese Faktoren steigt die Insulinausschüttung im Laufe der Schwangerschaft immer weiter an, um eine ausreichende Insulinbereitstellung zu gewährleisten. Infolge dessen kommt es zu Veränderungen in Organzellen, sodass die Insulinproduktion nicht dauerhaft auf einem konstant hohen Level gehalten werden kann; als Folge resultieren stark erhöhte Blutzuckerwerte nach der Nahrungsaufnahme.

Da Hormone nicht wirklich beeinflussbar sind, spielt bei der Gestationsdiabetes die Umstellung und Beobachtung der Ernährung eine wichtige Rolle. In 85% der Fälle genügt als Therapie eine

---

[7] Vgl. http://www.diabetes-ratgeber.net/Diabetes-Typ-2/Typ-2-Diabetes-Symptome-11704_3.html (19.03.2017)

ausgewogene, gesunde Ernährung; in 15% allerdings wird eine Therapie mittels Insulin dringend notwendig.[8]

2.4.2 Andere Formen[9]

LADA

„LADA" ist eine der zwei besonderen Formen der Diabetes. „LADA" steht für „late autoimmune diabetes in adults"; dies bedeutet, dass ein Typ-I-Diabetes vorliegt, der sich sehr spät und langsam entwickelt hat und mit Insulin behandelt werden muss.

MODY

„MODY" ist die zweite besondere Form der Diabetes. „MODY" steht für „maturity onset diabetes in young"; bei dieser Diabetesform wird durch ein jeweils anderes, nicht näher bestimmtes, defektes Gen verursacht. Die Therapie dieser Diabetesform muss dem zugrundeliegenden Defekt angepasst werden.

III Diagnostik

3.1 Kriterien zur Diagnostik der Diabetes mellitus[10]

Laut der Weltgesundheitsorganisation (WHO) liegt Diabetes mellitus dann vor, wenn eines der folgenden Kriterien erfüllt ist:

- Ein Nüchternblutzucker/Eine Nüchternblutglukose der/die einen Wert über 126 mg/dl beziehungsweise größer als 7,0 mmol/l hat; der Wert wird jeweils vor dem Frühstück bestimmt
- Ein Gelegenheitsblutzucker/Eine Gelegenheitsblutglukose der/die einen Wert über 200mg/dl beziehungsweise größer als 11,1 mmol/l hat
- Ein Wert von über 200 mg/dl oder 11,1 mmol/l als Ergebnis eines oral ausgeführten Glukosetoleranztests, der mit einer Flüssigkeit die 75g Zucker enthält durchgeführt wird. Die Messung der Werte erfolgt jeweils vor und zwei Stunden nach dem Test
- Ein HbA_{1c}-Wert (Glykohämoglobin) Wert von über 6,5% beziehungsweise von über 48 mmol/mol. Das Glykohämoglobin ist der rote Farbstoff des Blutes, der untrennbar an den Zucker bindet und so als Möglichkeit dient, den durchschnittlichen Glukosewert der letzten sechs bis acht Wochen zu bestimmen.

---

[8] Vgl. http://www.gestationsdiabetes.de/ (19.03.2017), Autor: Dr.Bühling, Kai Joachim
[9] Vgl. https://www.dzd-ev.de/?id=14723 (19.03.2017)
[10] Vgl. Haak, Thomas: Diabetologie für die Praxis, Stuttgart, 2012, S.260

3.2 Labordiagnostik

3.2.1 HbA$_{1c}$-Wert --> Langzeit-Blutzuckerwert

Der HbA$_{1c}$-Wert ist ein Langzeit-Blutzuckerwert, mit dem der Durchschnitt des Blutzuckerspiegels der letzten sechs bis acht Wochen ermittelt wird beziehungsweise werden kann. Dieser Wert kennzeichnet den Anteil des Hämoglobins, der sich mit der Glukose verbunden hat. Bei gesunden Menschen liegt der Wert zwischen 4-6%; bei Diabetespatienten liegt er dementsprechend über diesem Normwert, der von Labor zu Labor unterschiedlich ist und deshalb angegeben werden muss. Die Diabetestherapie als Folge der Labordiagnostik zielt darauf ab, den Normwert wieder zu erreichen um Folgeschäden zu vermeiden.[11]

3.2.2 Fructosamine

Wenn der Blutzuckerspiegel eines Patienten dauerhaft erhöht ist, so führt dies zu einer Anlagerung von Glukose an Albumin. Die Fructosamine bezeichnet in diesem Zusammenhang die Konzentration der durchschnittlichen Glukosekonzentration während der Lebenszeit von 14 Tagen (Lebenszeit des Albumins). Die Fructosamine wird dann bestimmt, wenn ein unerklärlicher HbA$_{1c}$-Wert oder eine Störung des Hämoglobins vorliegt.[12]

3.2.3 C-Peptid

Um die Insulineigenproduktion bestimmen und bewerten zu können, wird in der Labordiagnostik der Wert des sogenannten C-Peptids bestimmt. Da das C-Peptid ein Bestandteil des Insulins ist, der im Laufe der Insulinsynthese abgespalten wird und somit in gleicher Menge wie das eigentliche Insulin vorliegt, ist es ein verlässlicher Wert zur Bestimmung der Insulineigenproduktion, da es, im Gegensatz zum Insulin eine deutlich längere Halbwertszeit besitzt (Insulin: wenigen Minuten).[13]

3.2.4 Insulin

Um den eigentlichen Spiegel des Insulinhormons zu bestimmen, wird eben genau der Wert des Insulins und nicht des C-Peptids bestimmt. Im Gegensatz zum C-Peptids können mit dem Wert des eigentlichen Insulinhormons sogenannte Spitzen erkannt werden, die zum Nachweis einer „hypoglycaemia factitia" dienen; einem Krankheitsbild wo der Blutzuckerwert des Patienten dauerhaft gesenkt werden muss.[14]

---

[11] Vgl. Haak, Thomas: Diabetologie für die Praxis, Stuttgart, 2012, S.261f.

[12] Vgl. http://flexikon.doccheck.com/de/Fructosamin (19.03.2017), Autor: Dr. Antwerpes, Frank
[13] Vgl. http://flexikon.doccheck.com/de/C-Peptid (19.03.2017), Autor: Dr. Ostendorf, Norbert
[14] Vgl. Haak, Thomas: Diabetologie für die Praxis, Stuttgart, 2012, S.415

3.2.5 Harnzucker

Der Harnzucker ist ein weiteres wichtiges Indiz um einen Diabetes nachzuweisen, da die Glukoseausscheidung im Urin erst bei Werten von 180 mg/dl oder 10,1 mmol/l auftritt, da die Niere ab diesem Zeitpunkt die Glukose nicht mehr resorbieren kann und diese dann in den Urin übertritt. Da die Resorption der Glukose von Wasser beeinträchtigt wird, führt diese zu einer erhöhten Urinausscheidung (Polyurie) und damit zu einem deutlich erhöhten Durstgefühl. Patienten mit diesem Krankheitsbild leiden unter einer sogenannten „Diabetes renalis", bei der gleichzeitig eine angeborene oder erworbene Funktionsstörung der Niere ausgeschlossen werden muss.[15]

3.2.6 Autoantikörper (Typ-I-Diabetes)[16]

Bei einem Typ-I-Diabetes können in 80% der Fälle sogenannte „Autoantikörper" nachgewiesen werden, die sich gegen die Zellen der bereits erwähnten Langerhans'schen Inseln richten (islet cell autoantibodies --> ICA). Man unterscheidet zwischen verschiedenen Arten von Autoantikörpern:

- GADA (Glutamatdecarboxylase-Antikörper): Diese Art von Antikörpern richtet sich gegen die in den Langerhans'schen Inseln vorkommenden Betazellen und beweisen einen Typ-I-Diabetes
- Insulin-Antikörper (IAA): Diese Art von Antikörpern richtet sich gegen das Insulinhormon an sich und zerstört dessen Struktur und macht es somit unbrauchbar beziehungsweise unwirksam

IV Therapieformen

4.1 Insulintherapie

4.1.1. Möglichkeiten der Insulinzufuhr

4.1.1.1. Spritze

Bei der Insulintherapie mittels Insulinzufuhr per Spritze spritzt der jeweilige Patient sich jeweils vor dem Frühstück und dem Abendessen eine vom behandelnden Arzt festgelegte Dosis aus sogenanntem Mischinsulin (bestehend aus kurz- und langwirkendem Insulin). Meist erfolgt diese Therapieform in Kombination mit der oralen Therapie mittels Tabletten. Geeignet ist diese Therapieform für Menschen ohne Sehbehinderung mit einem regelmäßigen Tagesablauf und einer gleichmäßigen Ernährungsrichtung, da das Mischinsulin dementsprechend angepasst werden muss.[17]

---

[15] Vgl. http://www.diabetes-ratgeber.net/Diabetes/Harnzucker-55360.html (19.03.2017)
[16] Vgl. http://www.diabetes-deutschland.de/typ1diabetes.html (19.03.2017)
[17] Vgl. http://www.diabetes-ratgeber.net/Insulin/Insulin-richtig-spritzen-54136_6.html (19.03.2017)

4.1.1.2 Insulinpen

Bei der Insulintherapie mittels Insulinpen erfolgt die Insulinzufuhr durch einen Stich mittels des Insulinpens durch die Haut, sodass das Insulin subkutan in den Organismus gelangt. Das Insulin befindet sich dabei in der vom behandelnden Arzt festgelegten Dosis in einer Patrone oder Kartusche innerhalb des Pens, sodass für den Patienten nur der Ablauf der eigentlichen Zufuhr zu erledigen ist. Das Insulin wird wie bei der Insulintherapie mittels Spritze meist vor dem Frühstück und vor dem Abendessen verabreicht. Die verschiedenen Insulinpens unterscheiden sich meist nur in der Größe, Farbe und internen Technik; der Ablauf für den Patienten bleibt jedoch weiterhin gleich.[18]

4.1.1.3 Fertigpen

Der sogenannte Fertigpen unterscheidet sich zum normalen Insulinpen einzig darin, dass es nur einmal zu gebrauchen ist und nicht mit Patronen oder Kartuschen nachgefüllt wird. Der Patient kauf eine Ration Fertigpens, die mit der für ihn verschriebenen Insulindosis befüllt sind und brauch sich das Insulin nur selbst verabreichen; der Ablauf unterscheidet sich dabei nicht von den normalen Insulinpens.[19]

4.1.1.4 Insulinpumpe

Die Insulinpumpe ist ein essentieller Bestandteil der Insulintherapie. Bei der Therapie mittels Insulinpumpe bestehen mehrere Vorteile gegenüber der Therapie mittels Spritzen und Insulinpens, da die Haut deutlich seltener verletzt wird, nämlich zu dem Zeitpunkt, wenn die Kanüle gelegt wird, über den das Insulin in das Unterhautfettgewebe gelangt. Bei dieser Therapie wird kurzwirkendes Insulin verwendet, dass der Patient in einer vom Arzt festgelegten Dosis mittels Knopfdruck in den Blutkreislauf entlässt. Die Therapie mittels Insulinpumpe hat desweiteren den Vorteil, auf Gegebenheiten wie Sport, bei dem der Blutzuckerspiegel sinkt oder bestimmte Mahlzeiten wie zum Beispiel eiweißreiche Mahlzeiten, bei denen das Insulin dann in Etappen gegeben werden kann, spezieller und angepasster zu reagieren.[20]

4.1.2 Arten der Insulintherapie

4.1.2.1 Konventionelle Insulintherapie

Bei der konventionellen Insulintherapie erfolgt die Insulinzufuhr ein- bis dreimal täglich, wobei die Insulinmenge vom Arzt festgelegt wird; gleichzeitig wird auch ein Ernährungsplan aufgestellt der eine bestimmte Menge an Kalorien pro Tag einbezieht und dringend eingehalten werden muss; denn darauf ist die Insulindosis, bestehend aus Mischinsulin (ein Mix aus kurz- und langwirkendem Insulin)

[18] Vgl. http://www.diabetes-ratgeber.net/Insulin/Insulin-richtig-spritzen-54136_6.html (19.03.2017)
[19] Vgl. http://www.diabetes-ratgeber.net/Insulin/Insulinpens--welcher-passt-zu-mir-54136_5.html (19.03.2017)
[20] Vgl. https://www.dzd-ev.de/diabetes-die-krankheit/therapie-des-typ-1-diabetes/therapie-mit-insulinpumpe/index.html (19.03.2017)

ausgelegt. Die konventionelle Insulintherapie eignet sich meist nur für Patienten mit einem geregelten Tagesablauf.[21]

4.1.2.2 Intensivierte Insulintherapie

Die intensivierte Insulintherapie (intensiefied coventional insulin therapy), die bei Typ-I-Diabetikern angewandt wird, ist eine Form der Therapie, bei der sich der Patient ein- oder mehrmals täglich, lang- oder kurzwirkendes, Insulin mittels Spritze oder Insulinpen zuführt. Bei dieser Art der Therapie ist durch den Einsatz der verschiedenen Insuline eine gewisse Flexibilität gegeben, sodass kein geregelter Alltag gegeben sein muss, was für den Patienten einen enormen Benefit bedeutet.[22]

4.1.2.3 Funktionelle Insulintherapie

Die funktionelle Insulintherapie ist auch als „intensivierte Insulintherapie mit mahlzeitenbezogener Insulindosierung" oder als „Basis-Bolus-Therapie" bekannt. Sie ist die aufwändigste Therapieform und orientiert sich an den festgestellten Mengen der durch den Körper verbliebenen Insulinproduktion. Der legt, durch den Arzt am Anfang begleitet, die Insulindosis, sowie die Art des Insulins selber fest; basierend auf Anzahl, Größe sowie Zeitpunkt der Mahlzeiten. Allerdings trägt dieser hierbei auch eine große Eigenverantwortung, weil er sämtliche Dosierungen des Insulins zum Ausgleich des Glukosespiegels im Nachhinein selber durchführt, was ihn jedoch in Bezug auf die Ernährung deutlich flexibler macht. Um bei dieser Therapie Risiken aufgrund der eigenverantwortlichen Insulindosierung und daraus resultierende Folgen auszuschließen, wird alle drei bis sechs Monate der Hb_{A1c}-Wert kontrolliert.[23]

4.1.2.4 Supplementäre Insulintherapie

Die Supplementäre Insulintherapie ist an Typ-II-Diabetiker gerichtet, die nicht mehr genug körpereigenes Insulin produzieren um den Blutzuckerspiegel nach einer Mahlzeit mit diesem wieder auszugleichen. Bei dieser Therapie nimmt der Betroffene Tabletten ein, die den Blutzuckerspiegel wieder senken. Bei dem Verzehr der Hauptmahlzeiten wird zusätzlich ein kurz wirkendes Insulin induziert. Diese Therapie hat jedoch einen gravierenden Nachteil. Der Blutzuckerspiegel muss vor jeder Mahlzeit gemessen werden, um die einzunehmende Dosis des Insulins anzupassen.[24]

4.1.2.5 Basalunterstützende Orale Therapie

Bei der Basalunterstützenden Oralen Therapie, die sich an Patienten mit Typ-II-Diabetes richtet, wird dann angewandt, wenn der Blutzucker des Betroffenen sich durch Tabletten nicht mehr senken lässt, sodass er sich Insulin spritzen muss. Dabei verabreicht er sich ein langwirkendes Insulin, dass die

[21] Vgl. Dr.Francesconi, Claudia: Insulintherapie bei Typ 2-Diabetes, Bremen, 2011, S.43f.
[22] Vgl. Dr.Francesconi, Claudia: Insulintherapie bei Typ 2-Diabetes, Bremen, 2011, S.45f.
[23] Vgl. Dr.Francesconi, Claudia: Insulintherapie bei Typ 2-Diabetes, Bremen, 2011, S.42.
[24] Vgl. http://www.diabetes-ratgeber.net/Insulin/Supplementaere-Insulintherapie-SIT-77573.html (19.03.2017)

Aufgabe hat, den unabhängigen Insulinbedarf des Körpers für Stoffwechselprozesse zu decken und dadurch die Wirksamkeit der oral eigenommenen Tabletten wiederherzustellen. Diese Art der Therapie wir meist bei Patienten verwendet, die einen zu hohen Glukosespiegel am Morgen haben.[25]

4.1.2.6 Subkutane Insulininfusion

Die Subkutane Insulininfusion ist eine Art der Insulintherapie, bei der Insulin mittels einer Insulinpumpe über eine Kanüle im Unterhautfettgewebe in die Blutbahn gespritzt wird. Der Patient steuert die Insulinabgabe per Knopfdruck nach einem vom behandelnden Arzt festgelegten Schema. Die Subkutane Insulininfusion ist in den meisten Fällen die letzte Therapiemöglichkeit, wenn durch alle anderen Therapiemöglichkeiten die Insulinabgabe nicht mehr ausreicht.[26]

4.1.3 Stufenplan der nationalen Versorgungsleitlinie (Stand: 2013)

Der Stufenplan der nationalen Versorgungsleitlinie ist eine Definition über die einzelnen Versorgungstufen und die bei der jeweiligen Stufe gewählten Therapiemaßnahmen bei Patienten mit einem Typ-II-Diabetes.

4.1.3.1 Stufe 1: Basistherapie

Die erste Stufe des Stufenplans der nationalen Versorgungsleitlinie umfasst nichtmedikamentöse und Lebensstil verändernde Maßnahmen die Schulungen und Ernährungsberatungen beinhalten, sowie auf eine Entwöhnung des Patienten von jeglicher Art Tabak hinarbeiten. Desweiteren soll der Patient zu einer gesunden Lebensweise bewegt werden, die zusätzlich zum tabakfreien Leben auch zu einem Leben ohne Alkohol führen soll. Das Ziel der ersten Stufe ist ein Hb_{1Ac}-Wert von 6,5 bis 7,5 Prozent.[27]

4.1.3.2 Stufe 2: Monotherapie

Wenn innerhalb von drei bis sechs Monaten der Basistherapie nicht der Zielwert erreicht wird, so erfolgt eine erste medikamentöse Behandlung mit kurzwirkendem Insulin, Glukosehemmern und SGLT-2-Hemmern, ein Medikament, dass Proteine hemmt, die für die Resorption von Glukose verantwortlich sind.[28]

4.1.3.3 Stufe 3: Insulin-/Kombinationstherapie

Nach drei bis sechs weiteren Monaten mit einer Kombination bestehend aus Basis- und Monotherapie, in denen der avisierte Hb_{A1c}-Wert nicht erreicht wird, beginnt eine Therapie mit einer breiteren

[25] Vgl. Dr.Francesconi, Claudia: Insulintherapie bei Typ 2-Diabetes, Bremen, 2011, S.39f.
[26] Vgl. http://www.ernaehrung.de/lexikon/diabetes/k/Kontinuierliche-subkutane-Insulininfusion.php (19.03.2017)
[27] Vgl. http://www.diabetesinfo.de/fortgeschrittene/therapie/basistherapie.html (19.03.2017)
[28] Vgl. https://de.wikipedia.org/wiki/Diabetes_mellitus#Neue_Forschungsans.C3.A4tze_2 (19.03.2017)

Auswahl oraler Medikamenten (z.B. SGLT-2-Hemmern) kombiniert mit Mischinsulin (anstatt kurzwirksamen Insulin).[29]

4.1.3.4 Stufe 4: Intensivierte Insulin-/Kombinationstherapie

Als letzte Maßnahme wird die höchste Stufe der nationalen Versorgungsleitlinie aktiviert: Die intensivierte Insulin- beziehungsweise Kombinationstherapie. Von nun an erfolgt in den meisten Fällen eine Therapie mittels Mischinsulin; bestehend aus kurzwirksamen, langzeitwirksamen sowie Verzögerungsinsulin. Bei Patienten mit Adipositas erfolgt zusätzlich noch die Gabe von „Metformin", einem Antidiabetikum.[30]

V. Gentechnische Verfahren

Gentechnische Verfahren stehen in der Medizin häufig für Fortschritte bei den Therapiemöglichkeiten von bestimmten Krankheiten. Vielen ist bereits bekannt, dass es durch gentechnische Verfahren verändertes Schweineinsulin, das dem Schwein aus der Bauchspeicheldrüse entnommen wird, gibt, dass Patienten bereits verabreicht wird, da es besser verträglich ist; jedoch bringt diese Art von Insulin auch Nachteile wie zum Beispiel Sehstörungen oder Überempfindlichkeitsreaktionen mit sich, sodass es heute eher kaum noch verwendet wird. Desweiteren gibt es aber mittlerweile auch weitere neue Möglichkeiten im Therapiebereich des Diabetes mellitus, die durch Gentechnik entstanden ist; diese Verfahren sind jedoch aktuell noch Bestandteil von Forschungen und werden noch nicht konventionell eingesetzt. Nachdem nun das Verständnis über die Krankheit, inklusive der Diagnose- und Therapieverfahren, vorhanden ist, sollte es im Bereich des Möglichen sein, dem anschließenden Abschnitt folgen zu können.

---

[29] Vgl. https://de.wikipedia.org/wiki/Diabetes_mellitus#Neue_Forschungsans.C3.A4tze_2 (19.03.2017)
[30] Vgl. http://www.diabetes-ratgeber.net/Diabetes-Typ-2/Kombinationstherapie-56454.html (19.03.2017)

5.1 Xenotransplantation

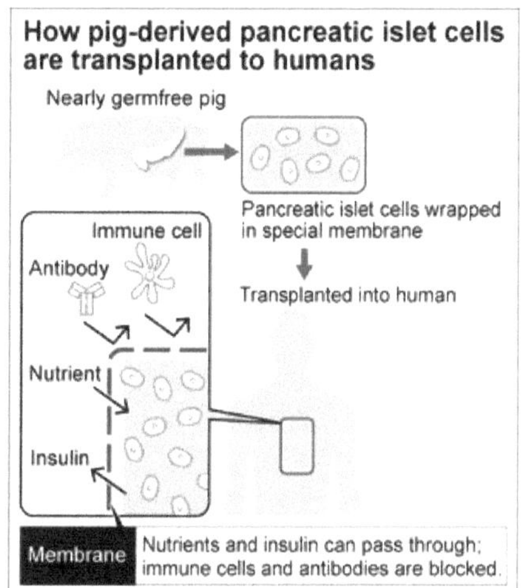

Abbildung 1: Darstellung der Wirkweise einer Xenotransplantation[34]

Eine Xenotransplantation ist per Definition ein Eingriff, bei dem Bestandteile des menschlichen Organismus aufgrund eines Defektes durch Fremdkörper ersetzt werden (z.B. eine defekte Herzklappe durch die eines Schweines). Der Typ-I-Diabetes, der meist in jungem Alter auftritt und auf einer Autoimmunreaktion beruht, die benötigten Zellen zur Insulinproduktion innerhalb der Bauchspeicheldrüse zerstört (die sogenannten Langerhans'schen Inseln und Beta-Zellen) ist derzeit nicht heilbar. Da Organtransplantate, in Fall des Diabetes eine Bauchspeicheldrüse oder auch nur Beta-Zellen rar sind, wird derzeit an einem neuen Verfahren im Rahmen der Xenotransplantation mittels Gentechnik geforscht. Da Schweinezellen trotz eines ähnlichen Zuckerstoffwechsels vom menschlichen Immunsystem zerstört

wurden, wurde mittels Gentechnik ein genetisch verändertes Schwein geschaffen, dass ein Molekül namens „LEA29Y" produziert, dass die Abstoßung von Insulin produzierenden Zellen verhindert und diese eine Normalisierung des Glukosespiegels hervorrufen. Dieser enorme Fortschritt, der auf der Gentechnik basiert, könnte, sobald ausgereift, somit ein bedeutender Schritt zur Heilbarkeit des Diabetes darstellen.[31]

---

[31] https://www.uni-muenchen.de/forschung/news/2012/f-19-12.html (19.03.2017),
Autor: Prof. Dr. Wolf, Eckhardt

34 http://www.asahi.com/ajw/articles/AJ201604280002.html (19.03.2017)

5.2 Embryonale Stammzellen

Ähnlich wie bei der oben erläuterten Xenotransplantation wirken embryonalen Stammzellen nach der Transplantation in den menschlichen Körper, nachdem aus diesen embryonalen Stammzellen in einem gentechnischen Verfahren sogenannte Vorläuferzellen erzeugt wurden. Die Vorläuferzellen sind in der

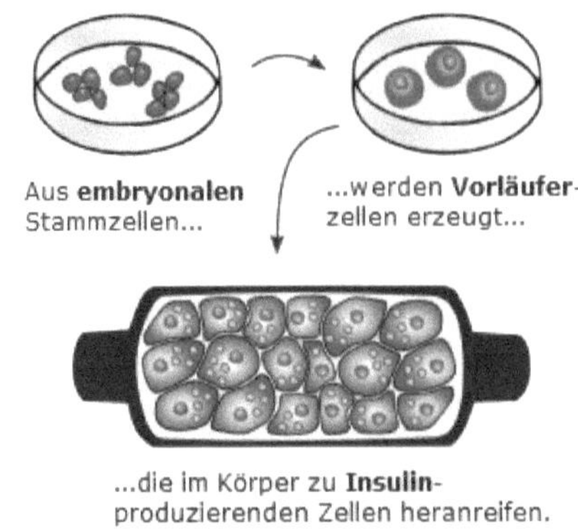

Abbildung 2: Wirkungsschema der embryonalen Stammzellen bei der Therapie von Diabetes[35]

Lage im menschlichen Organismus alle Gewebe der menschlichen Bauchspeicheldrüse herzustellen, darunter auch Beta-Zellen, und anschließend die Insulinproduktion inklusive der Kontrolle des Blutzuckerspiegels zu übernehmen. Jedoch müssen diese Zellen auch vor der Autoimmunreaktion des Körpers geschützt werden; so wurde auch hier ähnlich wie bei der Xenotransplantation eine Art „Hülle" entwickelt die jede Zelle solange schützt, bis diese so weit gereift ist, um ihre Aufgabe übernehmen zu können. Jedoch sind bei diesem Verfahren noch nicht alle Probleme gelöst, da durch die Transplantation der Kapsel Narbengewebe entstehen kann, dass die Zufuhr von Nährstoffen und Sauerstoff unterbricht. Desweiteren sind embryonale Stammzellen deutlich anfälliger für Krebs, sodass das Krebsrisiko nach der Transplantation deutlich ansteigt.[32]

5.3 Adulte Stammzellen

Nicht nur embryonale Stammzellen können bei den Therapiemöglichkeiten des Diabetes Mellitus verwendet werden, sondern auch adulte Stammzellen. Diese Zellen haben im Gegensatz zu embryonalen Stammzellen die Eigenschaft weniger Zellteilung zu betreiben und fördern das Krebsrisiko nicht. Bei der Therapie des Diabetes werden adulte Stammzellen aus den Pankreasgängen der Patienten entnommen und aus diesen mittels gentechnischer Verfahren Beta-Zellen hergestellt, die später wieder implantiert werden. Diese Beta-Zellen sind später in der Lage Insulin zu produzieren, müssen jedoch ebenfalls vor einer Autoimmunreaktion geschützt werden. Dieses Verfahren ist das am wenigsten geförderte der drei hier vorgestellten Therapieverfahren die nur mittels Gentechnik Erfolg finden und eine Chance auf Heilung offenbaren.[33]

VI. Fazit

---

[32] http://www.wissensschau.de/stammzellen/embryonale_stammzelltherapie_diabetes.php (19.03.2017)
[33] http://www.diabetes-deutschland.de/archiv/4642.htm (19.03.2017), Autor: Prof.Dr.Seißler, Jochen
35 http://www.wissensschau.de/stammzellen/embryonale_stammzelltherapie_diabetes.php (19.03.2017)

Diabetes mellitus; eine komplexe Krankheit mit zahlreichen Facetten und ein komplexes Thema wenn es um die Therapie geht. Zu eben jener kann man sagen, dass die konventionellen Methoden essentiell sind und das Leben der betroffenen Personen positiv beeinflussen und lebenswert halten, wenn diese auch Einschränkungen in ihr Leben einbauen müssen. Die Therapien, die der gentechnische Fortschritt, vielleicht schon in naher Zukunft, für uns verspricht, geht von einer palliativen (keine Heilung, sondern Linderung der Symptome und anderweitiger nachteiliger Folgen) über zu einer womöglich kurativen Behandlung, also einer Behandlung mit Heilungschancen, die es so aktuell noch nicht gibt. Diese Studien sind extrem wichtig, da der Diabetes (die „Volkskrankheit") in Zukunft aller Wahrscheinlichkeit weiter zunehmen wird und die aktuellen, konventionellen Therapien schon weit ausgereizt sind. Sollte es dann tatsächlich zu einem positiven Abschluss einer Studie der „neuen" Therapiemöglichkeiten kommen, so können Diabetiker, vielleicht schon bald, auf Heilung hoffen.

VII. Literaturverzeichnis

Dieses Verzeichnis enthält alle Bücher, Schriften und Onlinequellen, die zur Bearbeitung dieser Facharbeit gelesen und/oder als Verweis aufgeführt worden sind:

Gedruckte Literatur:

- Dr.Francesconi, Claudia: Insulintherapie bei Typ 2-Diabetes, Bremen, 2011 (Uni-Med Verlag)
- Haak, Thomas: Diabetologie für die Praxis, Stuttgart, 2012 (Thieme Verlag)
- Prof. Dr. Rosak, Christoph: Angewandte Diabetologie, Bremen, 2005 (Uni-Med Verlag)

Onlinequellen:

- http://flexikon.doccheck.com/de/C-Peptid (19.03.2017), Autor: Dr.Ostendorf, Norbert
- http://flexikon.doccheck.com/de/Fructosamin (19.03.2017), Autor: Dr.Antwerpes, Frank
- http://www.bdsn.de/fileadmin/user_upload/PDF_Presse/Hintergrund_Diabetes.pdf (19.03.17)
- http://www.diabetes-deutschland.de/archiv/4642.htm (19.03.2017), Autor: Prof.Dr. Seißler, Jochen
- http://www.diabetes-deutschland.de/typ1diabetes.html (19.03.2017)
- http://www.diabetesinfo.de/fortgeschrittene/therapie/basistherapie.html (19.03.2017)
- http://www.diabetes-ratgeber.net/Diabetes/Harnzucker-55360.html (19.03.2017)
- http://www.diabetes-ratgeber.net/Diabetes-Typ-1/Diabetes-mellitus-Typ-1-Symptome-11686_3.html (19.03.2017)
- http://www.diabetes-ratgeber.net/Diabetes-Typ-2/Kombinationstherapie-56454.html (19.03.2017)
- http://www.diabetes-ratgeber.net/Diabetes-Typ-2/Typ-2-Diabetes-Symptome-11704_3.html (19.03.2017)
- http://www.diabetes-ratgeber.net/Insulin/Insulin-richtig-spritzen-54136_6.html (19.03.2017)
- http://www.diabetes-ratgeber.net/Insulin/Insulin-richtig-spritzen-54136_6.html (19.03.2017)
- http://www.diabetes-ratgeber.net/Insulin/Supplementaere-Insulintherapie-SIT-77573.html (19.03.2017)

- http://www.ernaehrung.de/lexikon/diabetes/k/Kontinuierliche-subkutane-Insulininfusion.php (19.03.2017)

- http://www.gestationsdiabetes.de/ (19.03.2017), Autor: Dr.Bühling, Kai Joachim

- http://www.wissensschau.de/stammzellen/embryonale_stammzelltherapie_diabetes.php (19.03.2017)

- https://de.wikipedia.org/wiki/Diabetes_mellitus#Neue_Forschungsans.C3.A4tze_2 (19.03.2017)

- https://www.dzd-ev.de/?id=14723 (19.03.2017)

- https://www.dzd-ev.de/diabetes-die-krankheit/therapie-des-typ-1-diabetes/therapie-mit-insulinpumpe/index.html (19.03.2017)

- https://www.uni-muenchen.de/forschung/news/2012/f-19-12.html (19.03.2017), Autor: Prof. Dr. Wolf, Eckhardt

VIII. Abbildungsverzeichnis

- Abbildung 1: Darstellung der Wirkweise einer Xenotransplantation
  http://www.asahi.com/ajw/articles/AJ201604280002.html (19.03.2017)

- Abbildung 2: Wirkungsweise der embryonalen Stammzellen bei der Therapie von Diabetes
  http://www.wissensschau.de/stammzellen/embryonale_stammzelltherapie_diabetes.php (19.03.2017)